Stud. Dir. Wilhelm Vahland

Die Compact Cassetten Einstelllehre - GAUGE

by

Renate & Uwe H. Sültz
Bücher von A bis Z

HEAD ALIGNMENT GAUGE

GENERAL

The Head Alignment Gauge
of a plate and two guide-ch
It is a precision instrument
ing cassette drive recorders,
forms to American National S
Institute specifications. It
accurate verification of head
guide alignment.

Wollensak 3M

MAX
MIN

MAX
MIN

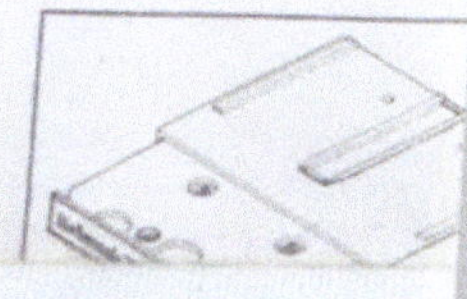

2023

Bibliografische Information durch die Deutsche Nationalbibliothek
Die Deutsche Nationalbibliothek verzeichnet diese Publikation in der Deutschen Nationalbibliografie; detaillierte bibliografische Daten sind im Internet über http://dnb.dnb.de abrufbar.

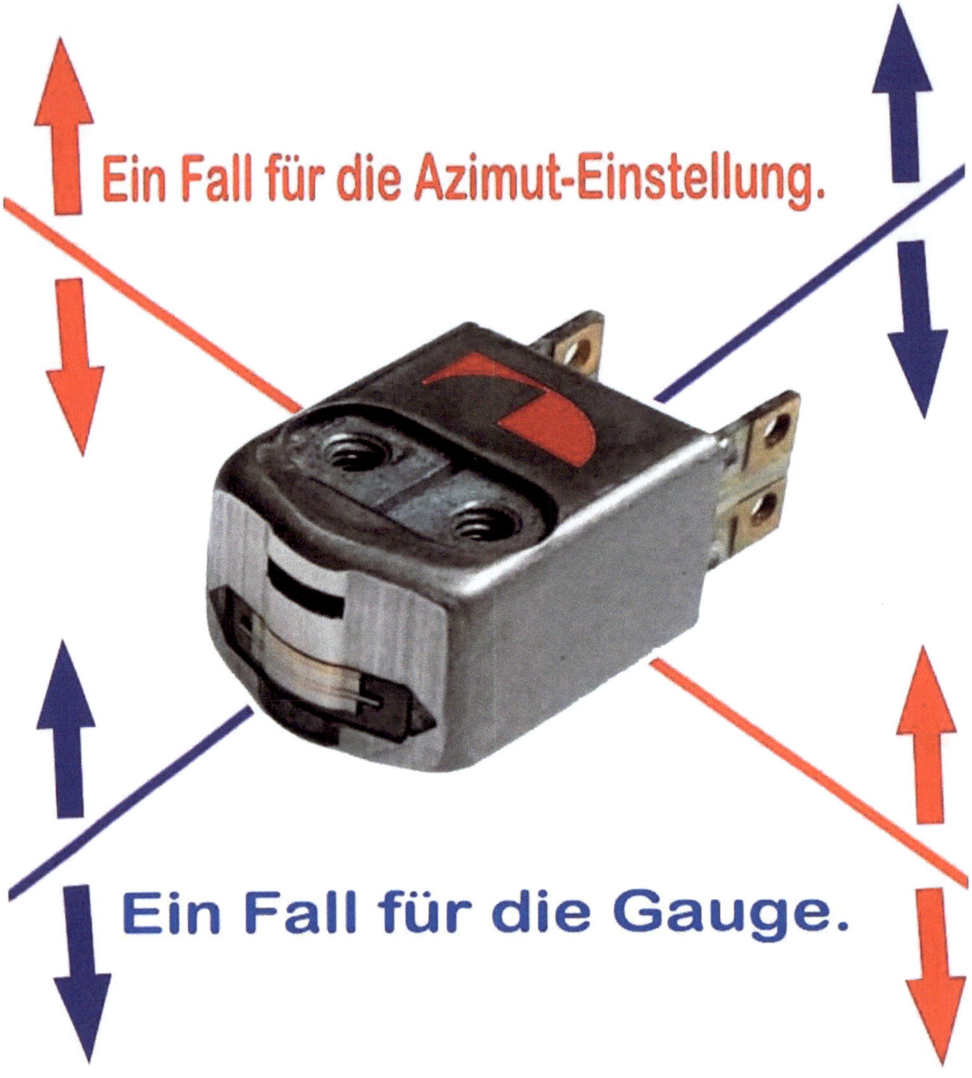

Ein Fall für die Azimut-Einstellung.

Ein Fall für die Gauge.

Herstellung und Verlag:
BoD – Books on Demand, Norderstedt
ISBN 9-78374-9-44678-0

In diesem Buch geht es um die spezielle Einstelllehre, der sog. Gauge. Bevor ich auf die Funktion eingehe, möchte ich von Beispielen berichten, was an einem Recorder oder Tapedeck passieren kann. Ich selbst bin Berufsschullehrer für angehende Radio- und Fernsehtechniker gewesen. Oft besuchte ich die Fernseh-Techniker-Meister Heinz Sültz und Heinz Bartenbach, um mir Fallbeispiele aus den Bereichen Fernsehen, Radio, Video und Kassettenrekordern anzusehen. Stellen Sie sich also folgendes vor: Ihr Recorder ist ein ELAC CD 400. In das geöffnete Cassetten-Fach legen Sie eine Cassette ein und drücken auf START. Es hakt etwas, aber schlussendlich spielt die Musik. Die Musik ist aber dumpf. Sie nehmen die Cassette heraus, reinigen den Tonkopf und bemerken, dass das Cassettenband im oberen Bereich wellig ist.

Fall 2: Nun könnte Ihr Tapedeck ein PHILIPS N 2552 sein. Es hat sog. schwebende Tonköpfe. Auch hierbei kann die eingelegte Cassette verklemmen. In beiden Fällen können die Köpfe nicht rechts und links an ihren Befestigungsschrauben beschädigt werden, das wäre dann ein Fall für die Azimut-Einstellung, sondern in ihrem Winkel zum Laufwerk, der rechtwinklig sein muss. Fall 3: Der alte Kopf war abgeschliffen, vielleicht wurde er danach ausgebaut und verlegt. Passt der neue Ersatzkopf? Ein Fall für die Eintauchtiefe. In den 3 Fällen ist eine Einstelllehre nötig.

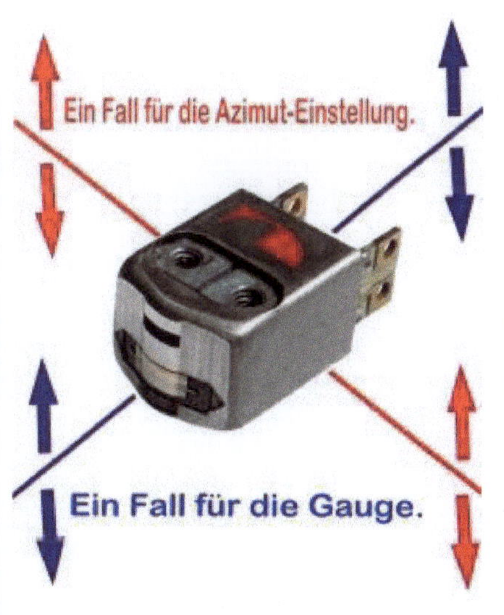

Dieses Buch beschäftigt sich nur mit dem Spezialwerkzeug für Compact Cassetten Recorder, der sog. GAUGE.

Was ist der Sinn dieser Einstellung?

Es begann 1963 mit Tonköpfen, die mit einer Schraube fest mit dem Chassis verbunden waren und die zweite Schraube nicht. Diese war mit einer Feder verbunden und ist die Einstellschraube für den Kopfspalt, Azimut genannt.

Definition:

The following view relates to record/playback heads.

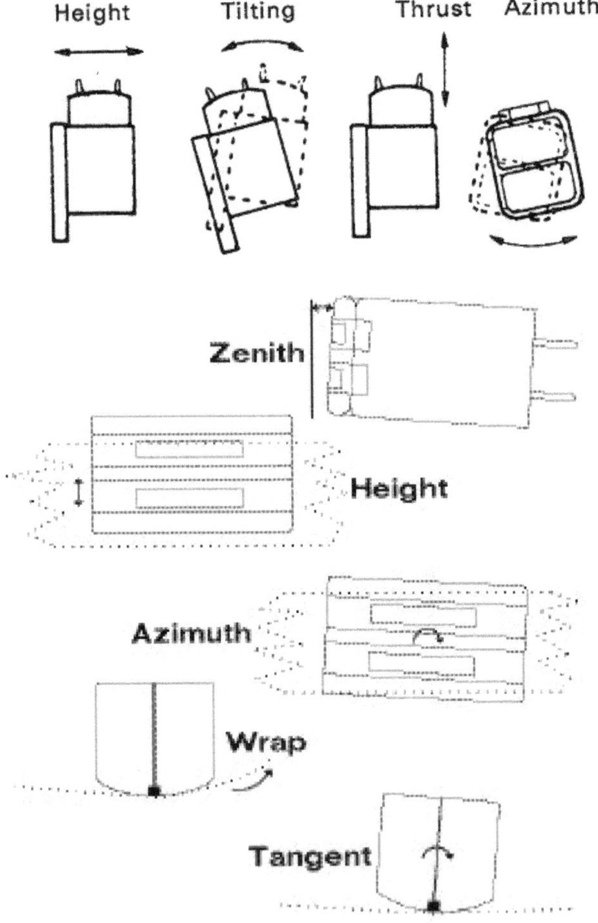

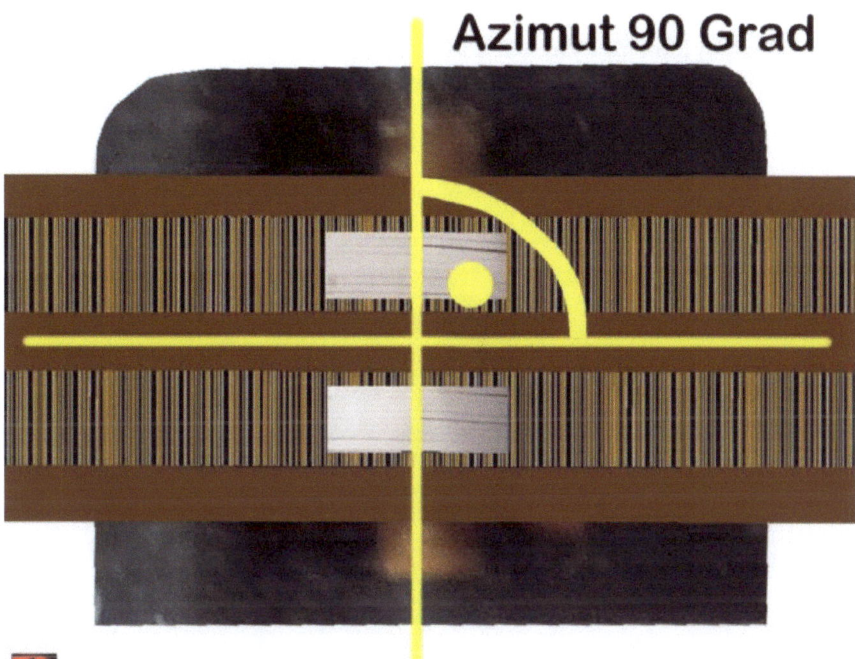

by SÜLTZ ELEKTRONIK

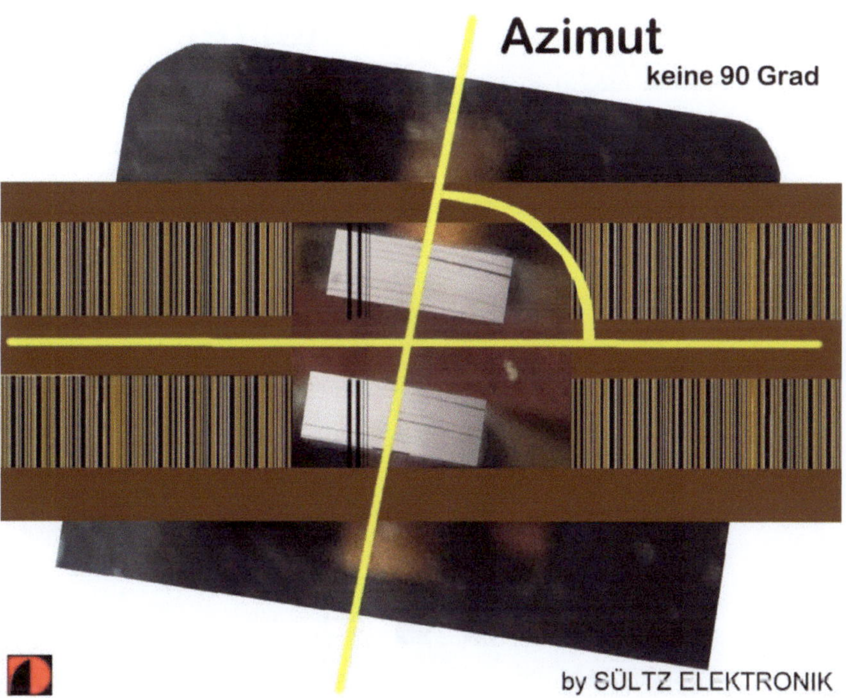

Verstellter Azimut

niederfrequentes Signal

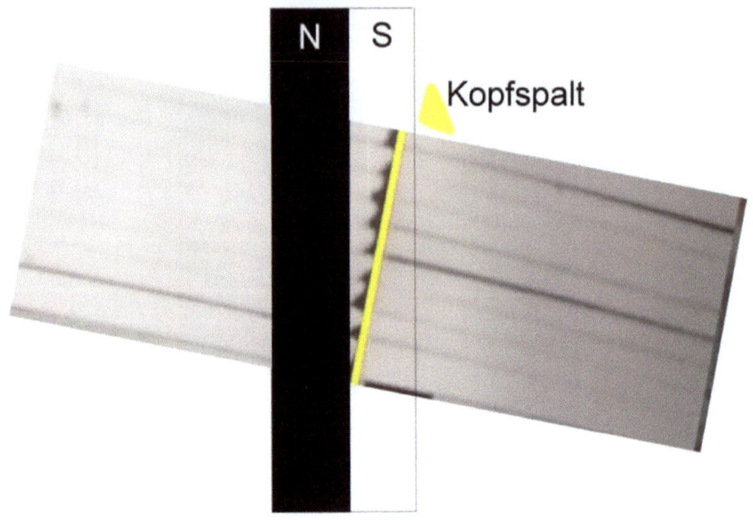

by SÜLTZ ELEKTRONIK

Verstellter Azimut

hochfrequentes Signal

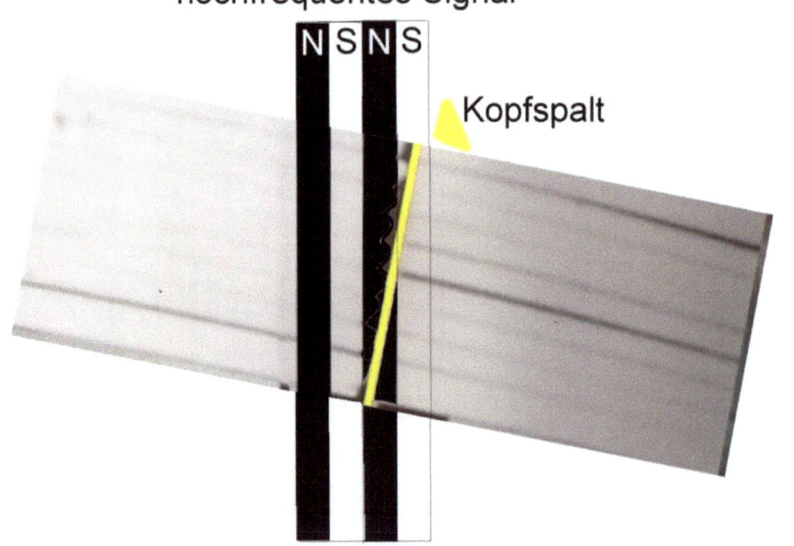

by SÜLTZ ELEKTRONIK

Bei diesen Recordern benötigt man die Gauge zur Kontrolle der Eintauchtiefe. Beim Druck auf START fährt der Tonkopf in die Compact Cassette hinein. Das Band soll so gut wie möglich magnetisiert werden mit unserer Aufnahme. Gleichzeitig soll der Abrieb des Tonkopfes minimiert werden. In jeder Compact Cassette ist eine Andruckfeder mit Filz, manchmal nur ein Filz. Verwendet man nun sehr ein sehr raues Bandmaterial, etwa Billigkassetten oder sehr alte Bänder, wirkt alles wie Schmirgelpapier. Auf der Gauge ist nun der Bereich gekennzeichnet, der die ideale Eintauchtiefe anzeigt.

START drücken, Gerät ausschalten und messen.

Wann wird gemessen? Nach einem Kopftausch, ob der Kopf wirklich passt. Auch wenn die Capstanwelle neu gelagert oder ausgetauscht wird. Ebenfalls werden unrunde Andruckrollen angezeigt. Natürlich lässt sich auch der Löschkopf kontrollieren.

Im Bild nun die erste Testcassette zur Messung der Eintauchtiefe:
Der Tonkopf steht in STOPP-Stellung.

Hier nun wurde START gedrückt:

Ein Schlitten fährt vom Kopf in die Cassette zur Messung der Eintauchtiefe.

Diese Testcassette kam nie in den Verkauf in Deutschland. Die Amerikaner testeten schon mehr, allein weil viel mehr an Compact Cassetten Recorder am Start waren. Hergestellt ist die Testcassette von NORELCO, so nannte PHILIPS seine amerikanische Niederlassung.

Wir sehen eine geöffnete Compact Cassette und einen ausgebauten Tonkopf.
Die rechte Schraube des Kopfes ist fest mit dem Laufwerk verbunden.
Die linke Schraube ist die Einstellschraube für den Kopfspalt.

Nach dem Druck auf START bewegt sich der Tonkopf in die Compact Cassette hinein.
Wie weit? Nicht weit genug und der Klang ist schlecht, zu weit und der Tonkopf wird zu schnell abgeschliffen.

Dieser Spagat wird durch die Gauge angezeigt.

Im Teil 8 dieser VINTAGE-Reihe ist nur oberflächig auf die Gauge eingegangen. Es drehte sich auch mehr um Azimut. Außerdem besitzt nicht jeder diese spezielle Einstelllehre und so konnte das Buch günstiger gestaltet werden.

Kippneigung des Wiedergabekopfs einstellen

Unter Kippneigung versteht man die Parallelstellung von Kopfspiegel und Bandebene. Ist der Tonkopf nicht mit dem Laufwerk direkt verbunden, kann nur mit dieser Gauge das Deck kontrolliert werden.

Einstellung mit der Einstellehre

Zur wirklich korrekten Einstellung der Kippneigung bräuchte es entsprechende Referenzflächen und entsprechende (herstellerspezifische) Spezialwerkzeuge.

Diese Spezialwerkzeuge werden auf die gegebene Referenzfläche aufgelegt und besitzen Peilkanten, mit deren Hilfe die Parallelität von Kopfspiegel und Kante des Peilwerkszeugs optisch ermittelt werden kann.

Solch eine sog. Gauge ist auch erforderlich, wenn die Capstanwelle(n) und Lager erneuert werden.

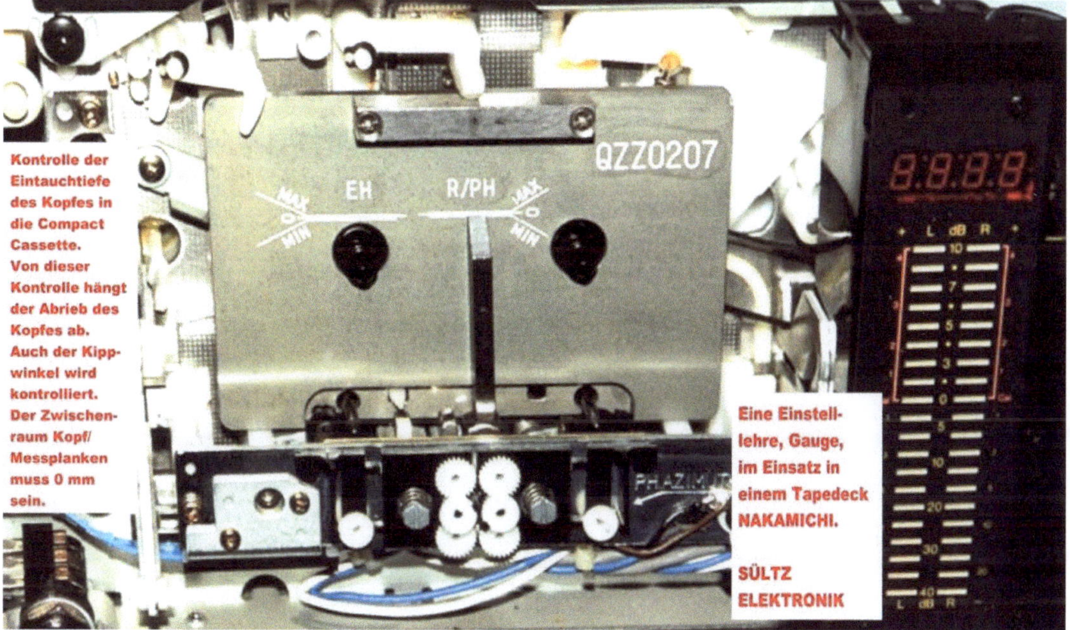

Der Kopf dieses Decks von NAKAMICHI besitzt einen schwebenden Tonkopf. Der Kopf lässt sich in alle Richtungen bewegen. Bei der Einstellung muss man wissen was man tut. Nach dem Motto unserer damaligen Werkstätten UND DREHST DU AN DEM TRIMMER WIRD DIE SACHE NUR NOCH SCHLIMMER! Sie müssen sich zwingend informieren, etwa im Schaltbild, wo gedreht werden darf. Machen Sie sich ein Zeichen auf die Regler, wie sie gestanden haben, bevor Sie gedreht haben.

Da wir uns seit den 1970er Jahren auf NAKAMICHI spezialisiert haben, hier einige Anschaubilder, welcher Regler wozu benötigt wird.

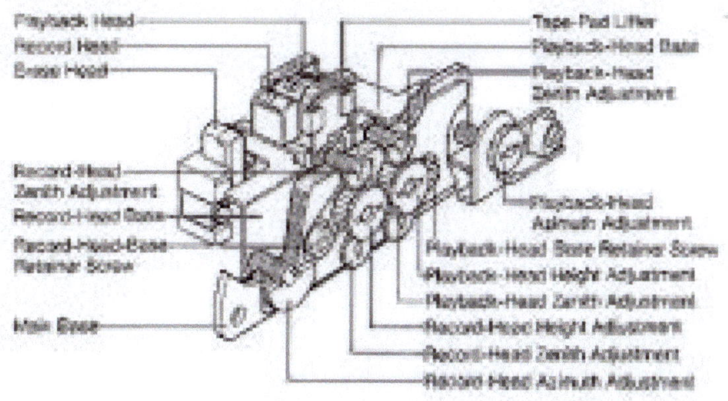

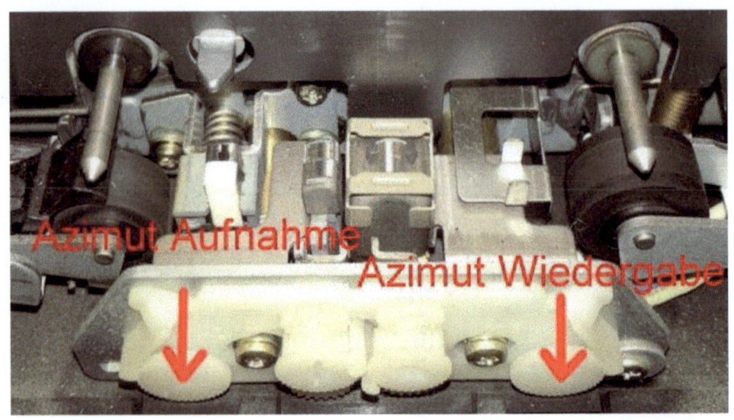

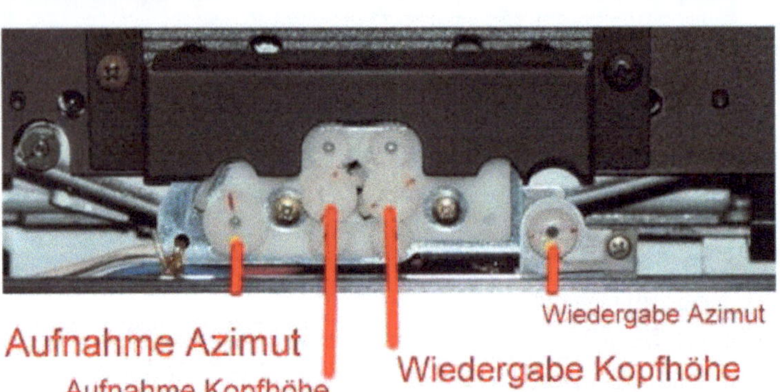

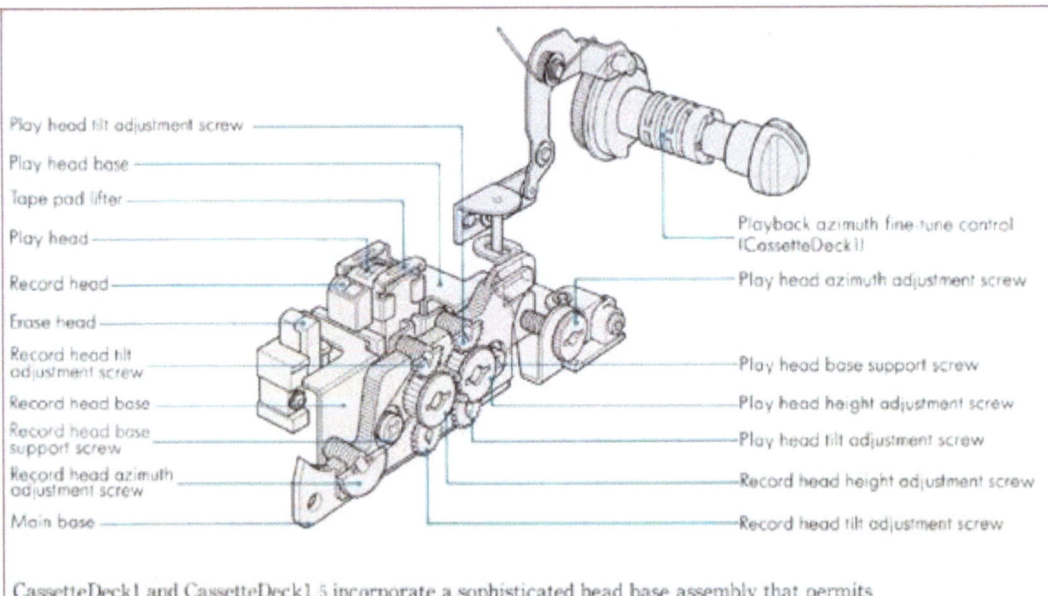

CassetteDeck1 and CassetteDeck1.5 incorporate a sophisticated head base assembly that permits factory alignment with unegualed precision.

Hier die grafische Darstellung der Kippneigung.

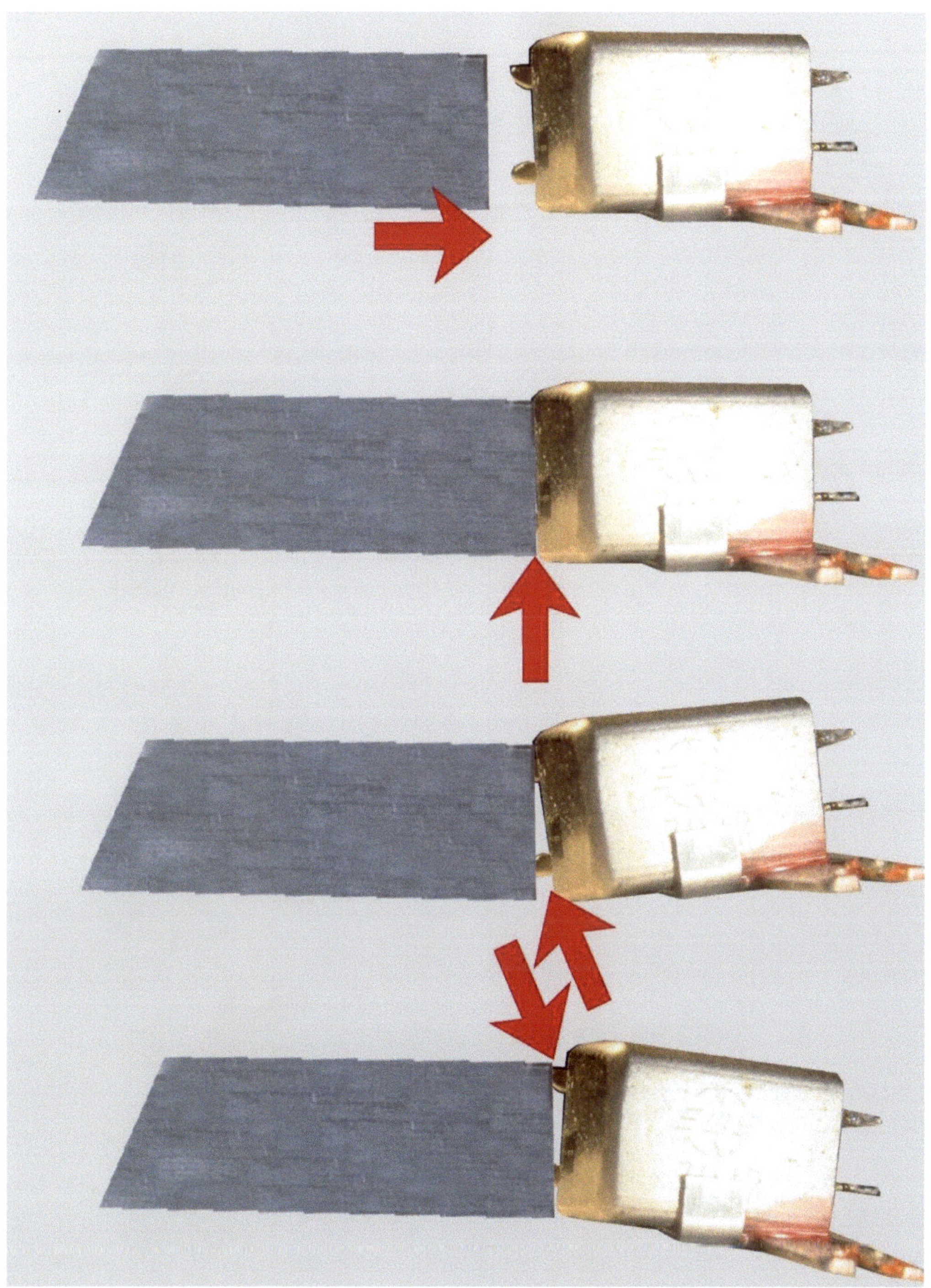

Hier die Darstellung der Capstanwelle.

Abschlusswort:

Mit der Gauge lassen sich Winkel im Laufwerk prüfen. Der Tonkopfspiegel muss parallel zum Band stehen. Die Capstanwelle oder Wellen müssen ebenfalls parallel zum Messfühler stehen. Legt man den Messfühler an die Andruckrolle, sieht man rundum eine Delle oder Beule rundum.

Bereits in den 1950er Jahren stellte man die Kippneigung ein, bei Tonbandgeräten. Eine Gauge war höchst selten und den Herstellern vorbehalten. Werkstätten arbeiteten mit der Lippenstift- und Schminkspiegel-Methode. Dazu wurde ein Lippenstiftstrich auf den Kopfspiegel gemalt und ein altes Band abgespielt. Mit dem Spiegel kontrollierte man nun, in welche Richtung der Kopf zu bewegen ist.

Ich habe erklärt was man mit einer Gauge messen kann und muss. Welche Regler nun für die Kippeinstellung benötigt werden, muss aus dem Schaltbild oder der Serviceanleitung herausgefunden werden. Hierbei gibt es keine generelle Vorgabe. Aber ein Erfolg ist es, wenn man den Kopf und die Capstanwelle/n kontrolliert hat.

Viel Freude beim Hobby, wünscht

Wilhelm Vahland

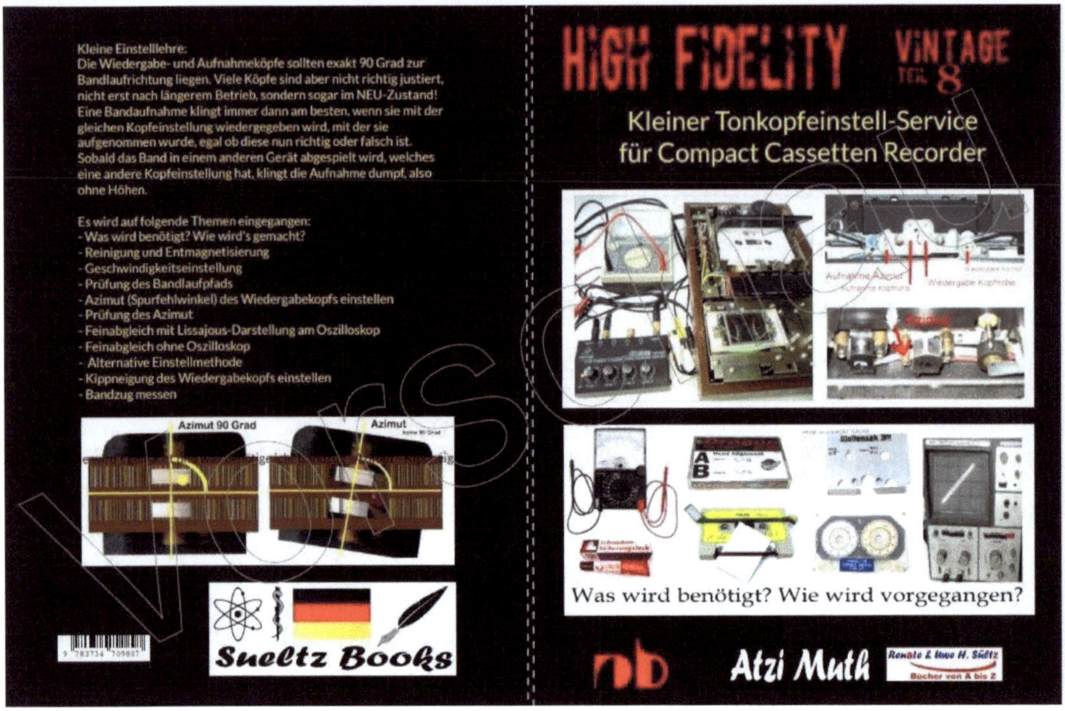
Kleine Einstelllehre:
Die Wiedergabe- und Aufnahmeköpfe sollten exakt 90 Grad zur Bandlaufrichtung liegen. Viele Köpfe sind aber nicht richtig justiert, nicht erst nach längerem Betrieb, sondern sogar im NEU-Zustand!
Eine Bandaufnahme klingt immer dann am besten, wenn sie mit der gleichen Kopfeinstellung wiedergegeben wird, mit der sie aufgenommen wurde, egal ob diese nun richtig oder falsch ist.
Sobald das Band in einem anderen Gerät abgespielt wird, welches eine andere Kopfeinstellung hat, klingt die Aufnahme dumpf, also ohne Höhen.
Es wird auf folgende Themen eingegangen:
- Was wird benötigt? Wie wird's gemacht?
- Reinigung und Entmagnetisierung
- Geschwindigkeitseinstellung
- Prüfung des Bandlaufpfads
- Azimut (Spurfehlwinkel) des Wiedergabekopfs einstellen
- Prüfung des Azimut
- Feinabgleich mit Lissajous-Darstellung am Oszilloskop
- Feinabgleich ohne Oszilloskop
- Alternative Einstellmethode
- Kippneigung des Wiedergabekopfs einstellen
- Bandzug messen
Azimut 90 Grad
Azimut
Sueltz Books
HIGH FIDELITY
VINTAGE TEIL 8
Kleiner Tonkopfeinstell-Service für Compact Cassetten Recorder
Aufnahme Azimut
Wiedergabe Kopfhöhe
Was wird benötigt? Wie wird vorgegangen?
Atzi Muth
Renate & Uwe H. Sültz
Bücher von A bis Z

Mit der VINTAGE-Reihe erinnern SÜLTZ BÜCHER an die vergangene Zeit. Ob diese nun besser war als die heutige, wollen wir nicht beurteilen. Aber wir meinen, dass unsere Enkel noch wissen sollten, wozu der Bleistift für die Compact Cassette benötigt wird. Statt des Bleistiftes gab es auch diese tollen Teile für Bandsalat:

PHILIPS
1
STEREO

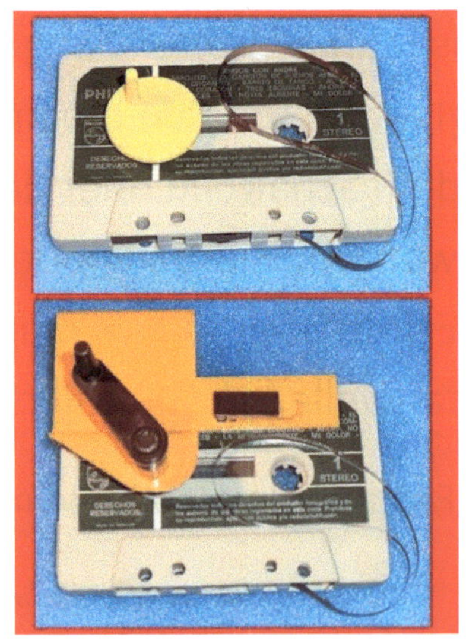

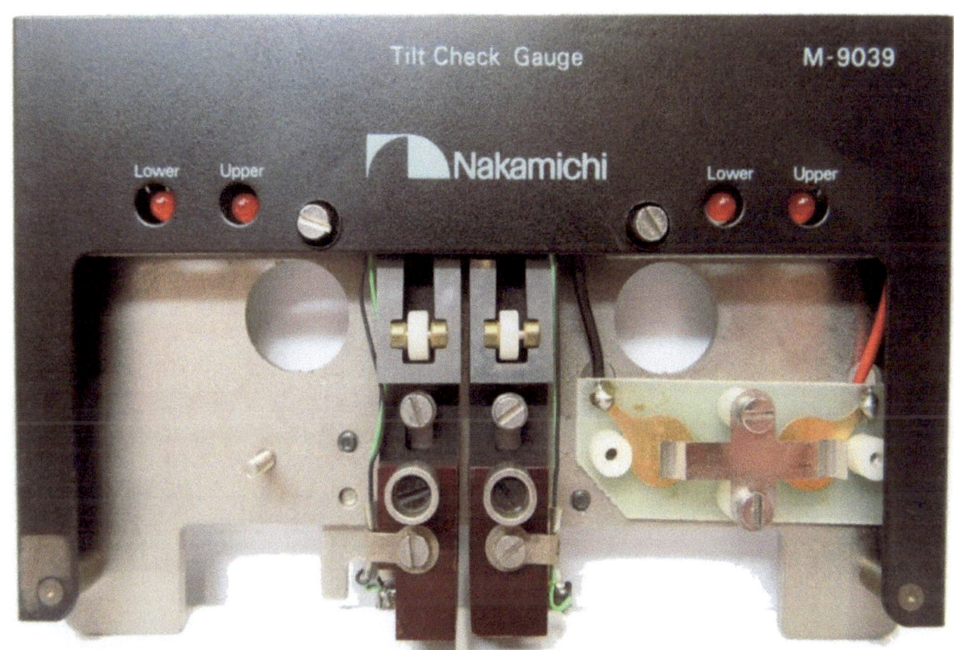
Tilt Check Gauge
M-9039
Nakamichi
Lower
Upper
Lower
Upper

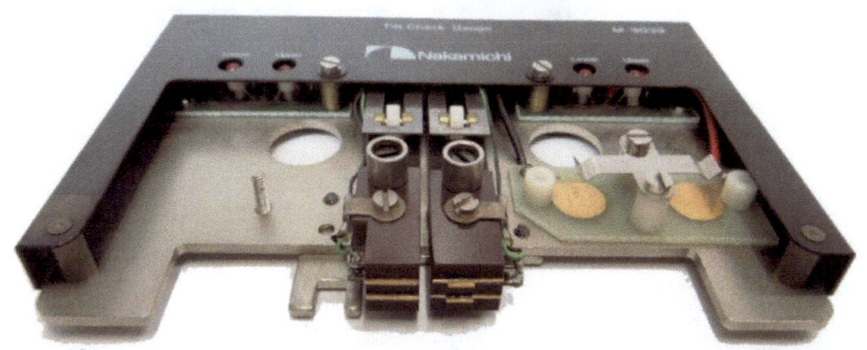

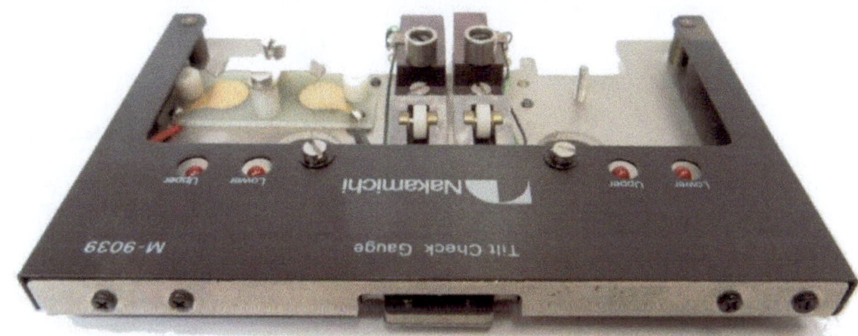

DA09004A 15KHz Azimuth
Recording Flux Level : 20dB below 20mM/mm
Time Constant : 3180 μs + 70 μs
Azimuth: ±1.5'
Level:
L± dB
R± dB
USE THIS SIDE ONLY
Nakamichi Research Inc.

DA09001A 20KHz PBFR
Recording Flux Level : 20dB below 20mM/mm
Time Constant : 3180 μs + 70 μs
STOPPER
Azimuth: ± 3'
Level:
L±0.4 dB
R±0.6 dB
USE THIS SIDE ONLY
Nakamichi Research Inc.

DA09003A 10KHz PBFR
Recording Flux Level : 20dB below 20mM/mm
Time Constant : 3180 μs + 70 μs
Azimuth: ± 3'
Level:
L±0.4 dB
R±0.2 dB
100 50 0
USE THIS SIDE ONLY
Nakamichi Research Inc.

DA09002A 15KHz PBFR
Recording Flux Level : 20dB below 20mM/mm
Time Constant : 3180 μs + 70 μs
STOPPER
Azimuth: ± 3'
Level:
L±0.5 dB
R±0.5 dB
USE THIS SIDE ONLY
Nakamichi Research Inc.

DA09005A 400Hz Level
Recording Flux Level : 20mM/mm
Level:
L± dB
R± dB
USE THIS SIDE ONLY
Nakamichi Research Inc.

DA09006A 3KHz Wow/Speed
Recording Flux Level : 10dB below 20mM/mm
Speed:
± %
W/F:
%
(DIN WTD)
Nakamichi Research Inc.

DA09011A Tape Travelling
Nakamichi Research Inc.

DA09007A Track Alignment
Frequency : 1 KHz
L– dB
R– dB
USE THIS SIDE ONLY
Nakamichi Research Inc.

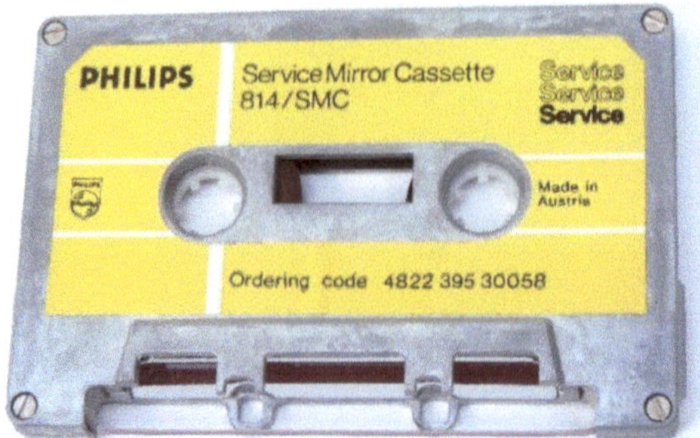
PHILIPS
Service Mirror Cassette
814/SMC
Service
Service
Service
Made in
Austria
Ordering code 4822 395 30058

TC-S SERVICE TEST
PHILIPS
Compact Cassette

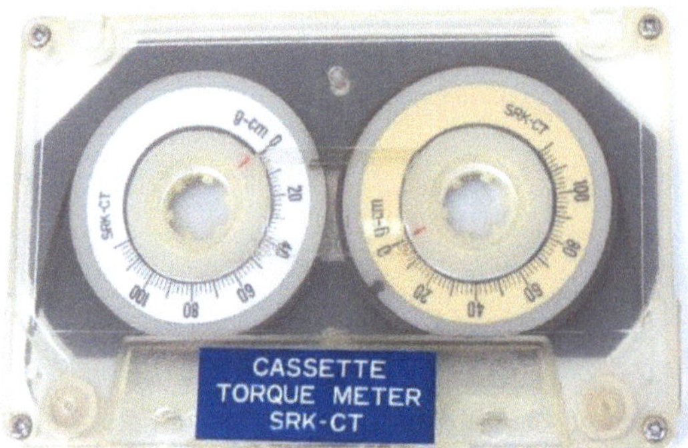
CASSETTE
TORQUE METER
SRK-CT

◄YES–WRITE–NO►
Scotch
DIGITAL
CASSETTE
SIDE B

Wollensak 3M
REFERENCE TAPE
MAX
MIN
MAX
MIN

Wollensak 3M
ALIGNMENT AID
SPEED
ACCURACY
FLUTTER
.05%
TYPICAL
JUL 21 1982
3KHz FLUTTER TAPE
FULL TRACK 81-0086-6300-7

Wollensak 3M
ALIGNMENT AID
R/M
INSP
M-22
1 KHz REFERENCE TAPE
FULL TRACK 81-0088-2210-8

Wollensak 3M
ALIGNMENT AID
R/M
INSP
M-22
8 KHz AZIMUTH TAPE
FULL TRACK 81-0031-0860-2

Wilhelm Vahland

Azimut

Tonkopf-Einstellung und Theorie einfach erklärt

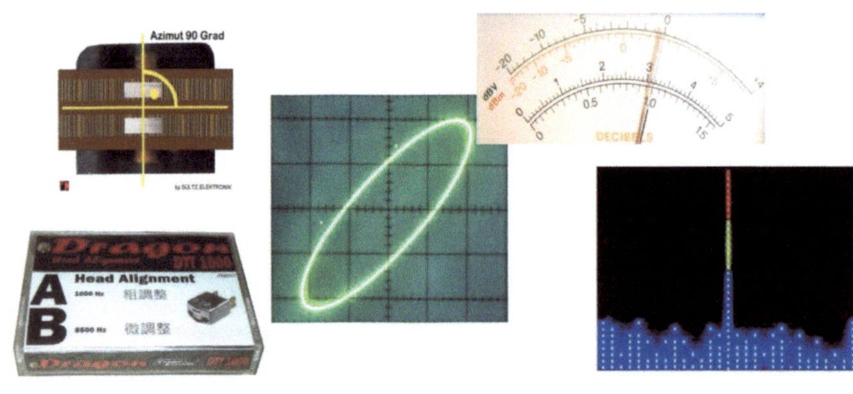

AZIMUT
AZIMUTH
bei Compact Cassetten Recordern
Sültz Bücher
Sueltz Books
INTERNATIONAL

TONKOPFEINSTELLUNG MIT DER DRAGON EINSTELL-COMPACT-CASSETTE AN NAKAMICHI-CHASSIS ERKLÄRT
Sültz Bücher
Seit 1973 Azimut-Service
Schritt für Schritt
durchgeführt und hier erklärt!
Uwe H. Sültz
Autor
Brille vergessen?
SÜLTZ' Bücher
mit der größeren Schrift!

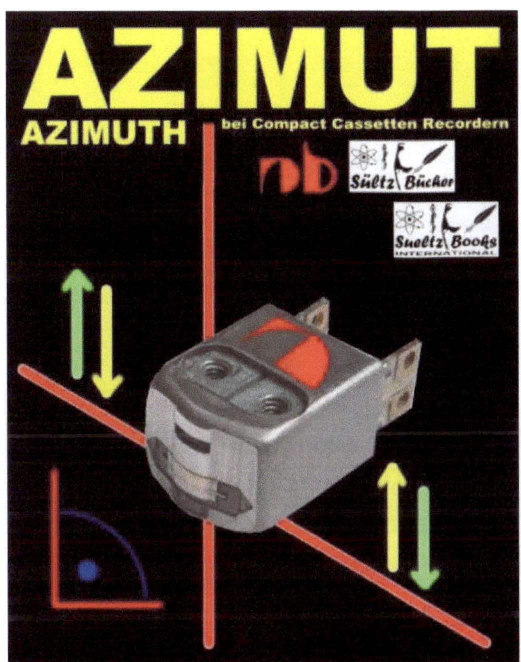

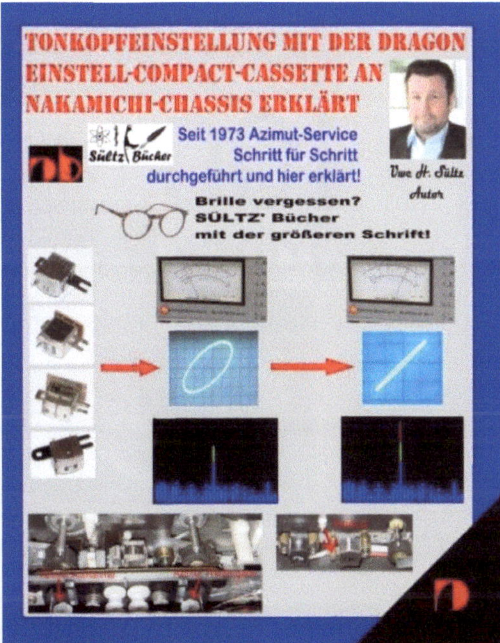

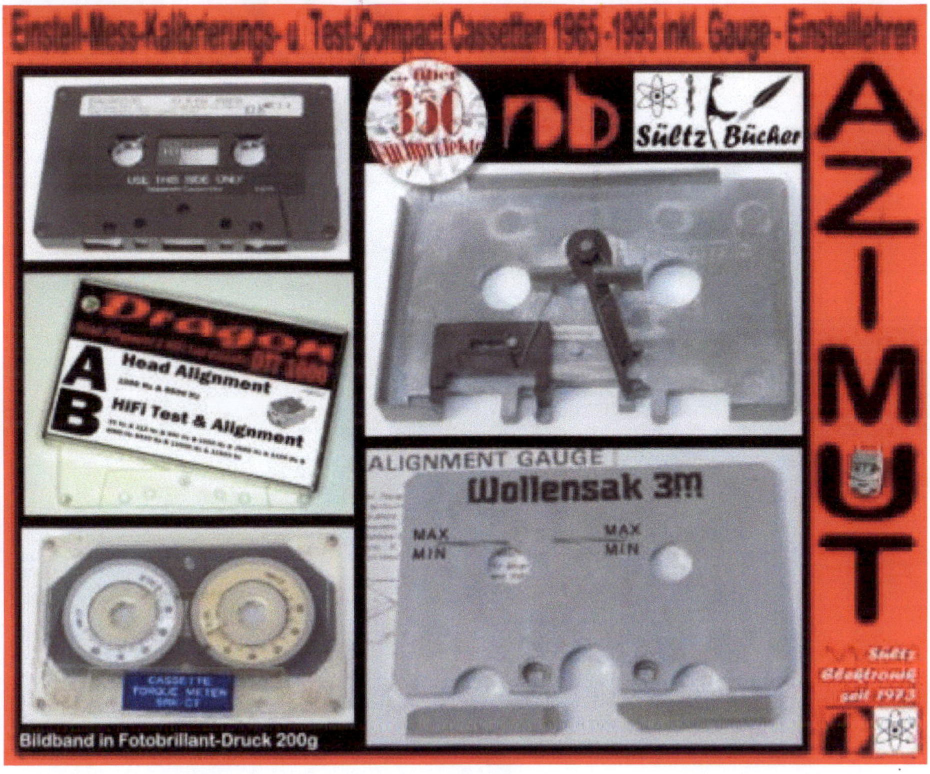
Einstell-Mess-Kalibrierungs- u. Test-Compact Cassetten 1965 -1995 inkl. Gauge - Einstelllehren
USE THIS SIDE ONLY
Sültz Bücher
AZIMUT
Dragon
A Head Alignment
B HiFi Test & Alignment
ALIGNMENT GAUGE
Wollensak 3M
MAX
MIN
MAX
MIN
CASSETTE
TORQUE METER
Sültz
Elektronik
seit 1973
Bildband in Fotobrillant-Druck 200g

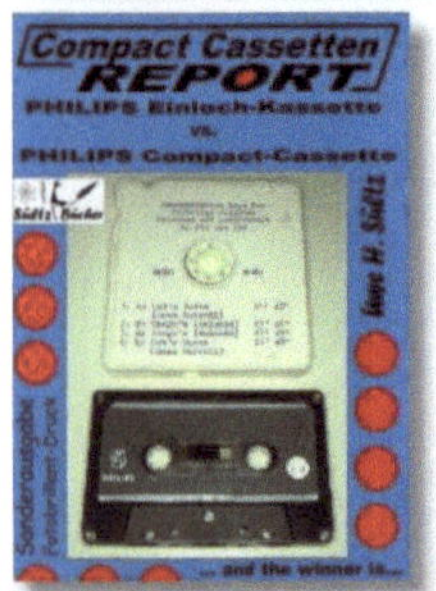

ELAC - THE FISHER - NAKAMICHI

Sültz Service & Reparatur

Meisterbetrieb seit 1973